Béatrice PARDOSSI-SARNO

Mémoire vive

et autres nouvelles

Il a été tiré de l'édition originale de cet ouvrage vingt exemplaires numérotés, illustrés et signés par l'auteur.

© **Livio Informatique / Béatrice Pardossi-Sarno**
Éditions Livio Informatique
184 Avenue Fréderic Mistral
83110 Sanary sur Mer
Illustration : Marie Michaux
Crédit photo : Véronique Mas

Prix de vente TTC : 10€

Dépôt légal : août 2017
ISBN : 978-1974523658
Tous droits de traduction, d'adaptation et de reproduction strictement réservés pour tous pays.

*Il paraît que la mémoire du poisson rouge
a le périmètre du tour de son bocal.*

Mémoire vive

C'est épuisant, à la fin, cette succession précise d'images qui courent dans ma tête jusque dans la nuit.

Toute petite déjà, on m'appelait dans les maisons à cause de ces images qui ne me quittent pas. On me posait des questions, c'était comme un jeu, une attraction. A quelle date untel avait gagné le concours de pêche, quel hiver tel autre avait attrapé la varicelle, quelle inondation avait arraché le vieux pêcher ? Ma mémoire n'est pas sélective. Dès que j'ai su parler, dès que j'ai acquis le roulement des jours et des mois et des années, j'ai su garder la date de tout ce que je vivais. C'est comme gravé, incisé. Je n'y peux rien. Je ne suis pas un prodige. Je suis une mémoire vive.

Bien sûr, il y a des sillons plus ou moins profonds. Je ne me souviens pas vraiment des jours où j'ai porté ma robe rouge plutôt que la bleue. Encore qu'en cherchant un peu, quelques repères à poser et je pense que je serais capable de m'en rappeler. Quel intérêt ?

Enfant, j'attirais les curieux comme l'aurait fait une boîte de jeux ou un juke-box à la mode. On me décrivait un événement et je retrouvais l'année, le mois et le jour. Mardi, samedi, pleine lune, ciel nuageux. Je pourrais inventorier à l'heure près toutes les nuits où j'ai vu passer des étoiles filantes.

Parfois, on me tendait des pièges, et je ne trouvais pas. J'en étais perplexe et ça faisait bien rire mes sœurs. Je comprenais à la fin que ces événements n'existaient pas, ou bien que j'en étais tout simplement absente ! Comment se souvenir de choses que l'on n'a pas vécues ?

Il est arrivé aussi que l'événement que l'on me proposait de retrouver soit très ancien, précis, presque insignifiant. L'énigme était complexe, et j'aimais cela ! De recoupements en recoupements, après plusieurs jours, je parvenais à trouver la réponse. Et cela, uniquement en usant des indices qui se rapportaient à mes propres repères. Là, quand je trouvais la date, ce sont les autres qui étaient perplexes !

L'exercice inverse m'a toujours donné plus de mal : à partir d'une date, énoncer ce qui s'est passé. C'est un défi plutôt qu'un jeu. Il se passe tant de choses dans une journée !

* * *

Le temps a filé, le jeu s'est émoussé, autour de moi, on s'est lassé. Mais moi j'ai continué d'accumuler.

Aujourd'hui j'ai presque cent ans. Pendant toutes ces années, les grandes et les petites choses se sont superposées. Chaque jour augmente son chapelet de souvenirs indélébiles.

J'avais la quarantaine quand j'ai commencé à répertorier les dates où rien de très grand n'était arrivé. Je les appelais les jours restants. Je les marquais d'une croix rouge sur mon calendrier et je les attendais. Je préparais ces jours-là comme on prépare de grandes fêtes. Ils étaient tièdes et c'est moi qui allais les remplir de feu. De toute pièce, je créais un temps fort : départ pour un voyage, saut en parachute, rendez-vous amoureux... Je voulais que chaque jour ait un bon motif d'anniversaire. Lorsque j'estimais que les événements du jour n'étaient pas assez beaux, j'attendais l'année suivante pour qu'un événement plus grand et plus beau prenne le dessus.

Mon souci, c'est que rien ne s'effaçait. J'avais beau vouloir cacher la mort de mon grand-père derrière un jour de carnaval à Venise, les deux restaient côte à côte et finissaient par s'accorder... Au fil des années, ils devenaient indissociables et je finissais par avoir des jours aux airs étranges.

Bref, avec le temps je me suis appliquée à ne jamais laisser un jour marqué par la seule tristesse. J'ai eu du mal, parce qu'il est des deuils que l'on peine à recouvrir de vie. Mais à la longue j'ai réussi. J'avais cinquante ans, je me souviens, c'était le jour de mon anniversaire. Une fierté toute particulière m'habitait : mon agenda perpétuel était une œuvre d'art. Je l'avais peaufiné, jour après jour, année après année, et voilà, il était comblé de belles choses, il était à l'image de la vie que j'avais choisie.

C'est à cette époque-là que j'ai commencé à chercher des liens entre les anniversaires et les récurrences.

Pourquoi la naissance de mon petit-fils correspondrait-elle à un jour de grand mistral qui provoqua le naufrage de notre petite barque en Provence ? Cette concordance aurait-t-elle un lien avec le fait qu'il soit aujourd'hui constructeur de prestigieux voiliers insubmersibles ?

Pourquoi le contrat d'achat de l'appartement de la petite dernière était-il logé par-dessus le mariage de sa marraine, vingt-cinq ans auparavant ? Et pourquoi le numéro postal de sa nouvelle adresse correspondrait-il exactement au jour de cette date ?

L'un des mystères les plus insolites consistait à chercher pourquoi lorsque je posais mon regard sur mon horloge numérique de façon aléatoire, dans la journée ou même dans la nuit, les minutes en étaient systématiquement à vingt-deux.

Tant de détails qui ne mériteraient même pas que l'on s'y attarde... Détails troublants cependant. Si abondants ! Souvent, c'est en raison de cette multitude de petites choses étonnantes que mes amis venaient me demander d'explorer ma mémoire. Pour chercher des liens.

Coïncidences, me direz-vous. C'est ce que je me disais aussi.

Pourtant, moi qui n'oublie aucun détail, je découvrais en creusant un peu que derrière les deux ou trois éléments étrangement reliés, c'étaient des chapelets d'éléments en vérité, des foules de coïncidences qui convergeaient. J'en étais littéralement assaillie. Cela sautait aux yeux, je ne pouvais plus les ignorer. Toutes ces correspondances avaient-elles un sens ? Une lecture autre des événements s'imposait à moi. Laquelle ?

J'ai pris un carnet, j'ai tout noté. De manière informelle, j'ai inventorié toutes les coïncidences au fur et à mesure, sans commentaire, en m'interdisant d'y penser. J'ai toujours été consciente que seule la disproportion de ma mémoire était à même de les remarquer. J'étais donc la seule à pouvoir effectuer ce gigantesque répertoire. Il allait falloir être méthodique, les listes allaient devoir être logiques, à défaut d'être exhaustives.

J'étais troublée surtout par l'abondance des liens. Tout semblait se tenir intimement.

J'en ai essuyé des doutes et des découragements ! Lister, c'était classer, forcément. Organiser les informations par thèmes, par chronologie, dresser des colonnes, repérer une nouvelle piste, tout démonter, réorganiser l'ensemble. Moi qui souhaitais n'être qu'un témoin, je constatais à quel point j'étais inévitablement impliquée, le simple recours à une méthode me le démontrait. Quelle était ma part de subjectivité dans ces mises en relation ? Quelle était la part du hasard ? J'étais très mal à l'aise avec tout cela.

Je savais que mon relevé était inexact parce que je notais seulement ce qui me parvenait. Une pointe d'iceberg ! Au flux de tout ce qui advenait, je ne prélevais qu'une infime partie, et il eut suffi que j'affine mes observations pour découvrir qu'il existait une infinité d'autres concordances possibles. Comment formuler des hypothèses quand les données sont incomplètes et arbitraires ? Je prenais la mesure de tout ce qui m'échappait. Je pensais à Zénon, l'impossible arrivée de la flèche dans la cible... Est-ce que tout cela n'était pas peine perdue ?

Toujours mon tempérament têtu reprenait le dessus : je persévérais, de plus en plus précise, de plus en plus lucide. J'espérais secrètement pister un sens global à toutes ces coïncidences. Ou démentir résolument qu'il y en eût un. A vrai dire j'aurais préféré cette dernière issue. Cela aurait peut-être fait cesser le brouhaha incessant d'images et de pensées qui couraient dans ma tête et me poursuivaient jusque dans la nuit.

Impossible d'arrêter, j'étais trop consciencieuse. Je ne lâchais rien. Durant des années, sans en parler à personne, je tenais mon carnet avec constance et discipline.

C'est dans le même temps que je me suis intéressée à la généalogie. J'ai constaté des parallèles étonnants, aussi insolites que ceux qui se trouvaient dans mon carnet. La corrélation entre les membres d'une même famille était plus systématique qu'on ne l'imaginait. L'aîné est toujours en lien étroit avec le grand-père paternel ; la cadette, si c'est une fille résout l'histoire de sa tante maternelle... On connaît bien tout cela aujourd'hui, mais à l'époque seuls quelques marginaux épars effleuraient ces questions. Je remontais les lignées, je traçais entre les branches des veines de convergences qui se confirmaient en fonction de la date des temps forts familiaux ou de la place dans la fratrie. Je dégageais clairement des récurrences, des cycles. J'accédais à des liens qui n'étaient pas de l'ordre du rationnel. Des évidences auxquelles on n'accède qu'en mettant tous les faits sur le même plan puis en écrasant la distance du temps. Tout se tenait intimement.

Mon exploration généalogique confirmait la pertinence de ma démarche : je ne connaissais pas le lien logique entre les coïncidences qui figuraient sur mon carnet, mais rien ne m'empêchait d'en postuler un. Le temps me donnerait raison… ou pas. Tout cela m'encourageait à être de plus en plus précise dans mon relevé. Qui plus est, je sentais qu'il se développait en moi une sorte d'intuition dans le choix des événements à noter.

Mon audace augmenta : j'ai toujours été joueuse, cela me donne de la hardiesse. Je résolus de mêler à mes données les faits d'actualité. Le jeu devenait plus complexe. Les nouvelles du monde y mettaient leur sel. La tempête de cet hiver par exemple, celle qui a coupé toutes les lignes électriques et déraciné des milliers d'arbres séculaires. Cette tempête correspond à la décision officielle des membres du Comité national de bioéthique à autoriser les expériences sur le clonage humain. Qui l'a remarqué ? Plus généralement, qui a remarqué qu'un tremblement de terre est toujours concomitant à l'exercice d'un pouvoir exécutif à vocation internationale ? J'ai noté cela, très scrupuleusement, pendant des années. C'est le hasard, me direz-vous ! J'ai souvent tenté, moi aussi, de nier ces liens que ma mémoire tissait malgré moi avec le cours des choses dans le reste du globe. Pourtant...

J'ai poursuivi mes recherches et j'ai été plus loin encore. J'ai osé prévoir dans quelle partie du globe la terre s'ébrouerait, en fonction des hauts lieux où se prennent les résolutions en matière de politique mondiale. Je me suis effrayée moi-même en constatant l'avènement de certaines de mes hypothèses. Croyez-moi si vous voulez, mais j'avais prévu de longue date la dramatique éruption du volcan Tavurtur. Vous allez encore invoquer le hasard... Moi ce jour-là, devant ma télévision, oh ce jour-là ! J'étais si bouleversée en découvrant les images ! C'était un choc terrible. Je me sentais responsable de tout le malheur qui arrivait à ces pauvres gens, comme si j'étais venue assister au rendez-vous de la catastrophe, sans rien y faire, juste comme à un spectacle ! J'avais allumé la chaîne des actualités sans réelle conviction, un peu comme quand on se pose devant l'émission du tirage de la loterie nationale. Je ne pensais pas que mes calculs seraient à ce point précis.

Je n'avais pas pris la mesure réelle de ce que je cherchais. Cela n'avait rien d'un simple jeu ! Ce jour-là et ceux qui suivirent, j'ai voulu jeter mes carnets, les brûler, tout oublier. J'ai beaucoup pleuré. Je me sentais porter un poids trop lourd. Je suis partie loin de chez moi, je suis partie en montagne, seule, longtemps. J'ai prétexté l'écriture d'un nouveau livre. Mes amis n'ont pas posé de question. Je suis restée longtemps là-bas, seule, sans carnet, sans calendrier, sans télévision. Coupée du monde.

* * *

Rien ne s'efface en vérité. Ce que l'on sait, on ne peut pas faire comme si on ne le savait pas. Je suis rentrée finalement, j'ai repris mes carnets. J'ai compris que savoir, c'est d'abord porter la responsabilité de ce que l'on sait. J'allais devoir faire avec. J'allais même devoir dégager une méthode, une cohérence transmissible à ce que j'avais intuitivement élaboré.

A défaut de pouvoir transmettre, je me suis consacrée depuis ce jour à mettre en mots les trois ou quatre choses que j'ai repérées dans la façon dont tout est relié. La façon dont la responsabilité de chacun est impliquée dans le cours des choses. Chaque pensée, chaque action, chaque décision si infime soit-elle, tout y joue son rôle ! C'est un vertige ! Le plus petit intimement lié au plus grand.

A la lumière des liens, chaque événement prend un sens nouveau, une perspective. Un papillon bat de l'aile ? Oui ! Et elle est tellement infime, la dentelle que j'ai relevée jour après jour sur mes carnets ! On a accès à si peu de choses en définitive. Je sens que tout se tient sans pouvoir l'expliquer vraiment. Je constitue un puzzle avec les pièces que je trouve. James Joyce a raison, une vie entière à écrire ne suffirait pas à détailler tout ce qui se passe pour un seul homme en une seule journée... "Mille ans comme un jour, un jour comme mille ans", est-ce que la Bible voulait signifier cela ?

Mon pêle-mêle de mises en relation a continué de s'étoffer au fil des ans. Un prince naît en Asie et le même jour les démocrates établissent un record de participation à leur manifestation pour l'abolition des privilèges réservés au Corps d'état. Un scandale éclate sur l'utilisation illicite de viande de cheval dans les plats préparés de hachis et au même moment, les vétérinaires inaugurent un module de formation sur les chevaux génétiquement modifiés ayant la taille d'un chien. Les convergences revisitent souvent le cours de l'histoire avec humour. J'ai le don de pointer les hasards cocasses et cela accentue sur mon visage l'air amusé que j'ai toujours eu.

Je pense que c'est pour cela qu'on recherche ma compagnie. Toute ma vie j'ai eu beaucoup d'amis. Beaucoup de mal à rester seule. Ma mémoire vive fait de moi une complice présente, attentive, joyeuse. On dit que je suis bienfaisante. C'est à cause du regard que j'ai sur les choses, je crois, une forme de lucidité. Je sais combien les pensées et les choses peuvent changer d'une année à l'autre. Nous sommes des papillons... Il faut savoir cueillir ce qui est beau et bon. Faire du temps un allié intime. Aimer la vie.

* * *

En avançant dans mon grand-âge, j'ai vu mes amis s'éteindre l'un après l'autre. Sur mon éphéméride, ce sont moins des événements que des visages qui s'affichent maintenant. C'est plus difficile à gérer, les visages : tour à tour ils me hantent, leur rire, leur voix, parfois il me semble sentir leur parfum. Ils entrent dans la ronde. Je vois aussi des personnes plus lointaines, ma première maîtresse d'école, la boulangère du village où je passais mes vacances d'enfance... Je fuis depuis toujours les rubriques nécrologiques. Elles augmentent la troupe de mes fantômes. Je sais que ce qui me reste à vivre ne suffira plus pour couvrir les jours de deuil avec de la lumière. Mon agenda perpétuel n'est plus aussi pimpant...

Je n'en parle plus vraiment de cette mémoire envahissante. Personne ne sait. Ou plutôt si : mes enfants, mes petits-enfants. Ils savent mon talent, mais ils ne savent pas ce qu'ils pourraient en faire, de ce palimpseste ambulant ! Je suis aussi ridée qu'un vieux papier sur lequel on aurait inscrit un roman chaque jour. Je pars en miettes. Seule ma mémoire garde son entrain. Elle ne vieillit pas, elle.

Et c'est épuisant, à la fin, cette succession précise d'images qui courent dans ma tête jusque dans la nuit.

Il y en a tant maintenant ! Je n'ai plus assez de force dans mon corps pour inventer de nouveaux jours. Ma vie se détricote seulement. Le défilé du passé a pris toute la place. Mon principal ennemi, c'est la nostalgie. Je la tiens en respect parce que je suis d'une nature optimiste. La nostalgie, je l'apprivoise en me connectant au monde, son actualité. La radio est bavarde chez moi. Ceux qui ne me connaissent pas croient qu'elle me tient simplement compagnie. En réalité, elle est mon arme la plus redoutable pour ne pas succomber au naufrage du périssable. Elle est ma diversion, mon garde-fou. Elle parvient à faire taire la foule piaillante des souvenirs et des choses à venir qui me traquent dès le matin.

Je ne sors presque plus de mon petit appartement. Je ne peux vivre les événements qu'immobile et par procuration. Alors pendant que mon corps se repose, j'étudie les liens entre les concordances. J'ai acquis la certitude qu'il n'y a pas de hasard, pas le moindre hasard dans le déroulé des petites et des grandes histoires.

Tout se tient. J'ai cessé de prendre part à la vie, mais j'en ai compris la mécanique. Cela paraît invraisemblable, mais il est des lois dans ce domaine aussi implacables que celles que brandit la physique.

Tout est lié dans le monde, des événements les plus intimes jusqu'aux plus lointains. Je n'en connais pas bien les rouages, mais j'ai compris un peu de cette dynamique des contingences qui m'a tant intriguée depuis ma jeunesse.

Tout est lié, la cinétique est parfaite, aussi parfaite que l'orbite sur laquelle roulent les planètes ou les électrons. Si mon relevé est assez pertinent, je peux connaître avec un peu d'avance ce qui est sur le point d'advenir. Oui, j'ai inversé le cours des choses. Je ne m'empare plus des dates futures, ce sont elles qui viennent à moi. L'autre jour par exemple, je savais que ma petite fille était tout près de tomber amoureuse. Elle ne sait pas encore qu'il s'agit là de son futur mari... Et ce matin, en écoutant le fil d'actualité pendant mon petit déjeuner, j'ai établi avec certitude la date du prochain séisme en Colombie. Le calcul est là, sur mon carnet. Vous pourrez vérifier ! Au pire je ne me trompe que de quelques heures. Je n'en parle à personne, qui comprendrait ? Je ne vais pas jouer les Cassandre à mon âge ! Je suis résignée. Je sais que ce n'est pas bien.

Le hasard n'est pas ce qu'on croit. Mon carnet sait cela. Un jour quelqu'un sera en mesure de le lire. Ou peut-être pas. J'ai pris depuis longtemps l'habitude d'en sourire. Je ne suis pas triste, seulement fatiguée. La nostalgie me guette, la guerre est à ma porte : je m'y engage chaque matin et la marche du monde me tient en éveil. On ne peut pas vivre que d'une mémoire vive. Elle dérobe jusqu'au futur.

Cette année, je le sais, le passé aura raison de moi. Un peu d'effort encore, et tout sera parfait. De recoupements en recoupements, j'ai découvert la date de ma mort. Je sais que pour une fois, le jour m'en fera grâce.

La maison

-I-

C'était une bien jolie maison. Une porte en bois, deux grandes fenêtres et un jardin autour. Son propriétaire venait y passer les dimanches et ses rares jours de congé. Un vieux garçon solitaire.

La bien jolie maison avait gardé ses rideaux d'origine, ses pots à épices jaunes, son fruitier bariolé. L'intérieur n'avait pas changé en quelques cinquante ans.

Le jardin en revanche s'était peuplé d'une multitude de nouveaux meubles et objets, "entreposés provisoirement" disait le propriétaire, et très vite enlacés par le lierre et la menthe sauvage. Il y avait un vieux lit, une armoire normande, il y avait des restes de carrelage, une table unijambiste, il y avait de vieux poêles, un lustre démonté, des cruches cassées. Tout ce que l'appartement de la ville avait cédé au culte de la modernité. Chaque printemps déroulait sur eux les tendres pousses de ses doigts verts et les chérissait d'une multitude de petites fleurs. Chaque printemps l'étreinte des herbes folles tissait sur eux des couvertures qui finissaient par les ensevelir et les garder cachés quelle que soit la saison. Avec le temps, toutes ces choses s'étaient fondues dans le paysage. Le mariage était consommé. Rien n'aurait pu, semble-t-il, dissocier ces objets du jardin.

Du reste, rien n'aurait dû, semble-t-il, séparer le propriétaire de cette maison du dimanche. Elle était là, faisant partie de lui, participant de son identité autant que sa mémoire ou son jardin secret.

-II-

Et puis un jour, on ne sait plus pour quelles circonstances, il dut vendre la maison.

Elle était chère à ses yeux, mais il n'en voulut qu'une faible somme. C'était selon lui de l'argent sale, comme vendre sa femme, sa mère, un bout de son âme... Cette maison-là n'avait pas de prix. D'une certaine manière, il aurait préféré l'abandonner, la rendre à la nature, aux oiseaux et aux chats. La laisser s'enfouir complètement sous son tricot de ronces. S'il avait pu le faire, il l'aurait offerte. C'était impossible. Il posa donc un panneau "à vendre" sur le petit portail, écrit à la peinture noire, en tout petit, à peine lisible, juste assez pour que les huissiers ne viennent pas la démolir.

Il y eut bien quelques curieux qui la visitèrent, des gens sérieux, des promoteurs, quelques spéculateurs. Les mètres carrés, la hauteur de plafond, les moisissures dans les coins, rien ne les intéressait que les tuyauteries sous-terraines, les angles et la mesure du petit jardin. Lui ne savait répondre à aucune de leurs questions. Jamais il n'avait pensé à se poser des questions pareilles.

Il visitait la maison avec eux, mais ce n'était pas visiter la même maison. S'il n'avait été là pour les accompagner, on aurait pu dire que c'était la violer, la maison. Il songeait souvent à cela : à son pouvoir sur elle. Jamais comme en ces moments-là, sa conscience fut aussi vive qu'elle lui appartenait. Il en était troublé, honteux, horrifié par moments, de constater à cause de cette clef qu'il aurait pu en faire ce qu'il voulait.

Du reste, il ne la fermait pas à clef, avant. C'était depuis le panneau qu'il le fallait bien. Elle était exposée aux dangers maintenant, aux fous et aux curieux.

-III-

Les promoteurs savaient qu'ils n'obtiendraient pas l'autorisation de construire un immeuble à sa place. Les investisseurs étaient contraints de garder les murs, la modifier seulement. Les familles n'osaient pas s'installer aussi loin, dans du si vieux...

L'affaire cependant faillit bien se conclure quelques fois. Sans discussion de prix, sans délai. Tièdement. Mais la vente étant un négoce, il fallait bien négocier. Le pivot décisif était toujours le même : les objets dans le jardin. Pas un seul des prétendants n'accepta la charge de s'en débarrasser. Ils estimaient qu'il incombait au propriétaire de nettoyer les lieux.

Et le propriétaire ne le voulait pas. Ne le pouvait pas. Impossible pour lui de prendre l'initiative d'appeler les encombrants. Ce simple mot lui donnait la nausée. Couper les lianes amoureuses, déterrer les vieux coffres, laisser des trous dans le feuillage... Massacrer le jardin de sa mémoire ? Non. C'était un non inflexible. Noir comme un puits. Indéchiffrable. Les prétendants ne s'y aventuraient pas. Le négoce impossible, le mystère aidant, ils préféraient laisser tomber.

Le temps passa et la maison se perdit dans son propre jardin. Comme elle ne se vendait pas, le propriétaire la laissa doucement s'enterrer. Les matières se mêlaient aux matières. La terre aux bois à la pierre et au vert. Tout se fondait, se confondait, souverain abri des souris, des oiseaux. Et du reste de sa vie. Il n'y allait plus. Peu importe ce qu'il adviendrait. Son seul souci étant que rien ne soit disséminé, que dans ce jardin sans fin, la maison et les objets retournent ensemble à la poussière.

Du reste, tout était resté intact au fond de sa mémoire. Même inhumée, la maison était là, et le lit et l'armoire et les rideaux à fleurs, plus ou moins jaunis, plus ou moins embellis au soleil ou à la pluie.

Lorsqu'à son tour il serait vieux et enterré, la maison serait là pour un moment encore. On n'efface pas le reste.

La vie, le corps, la mémoire, oui ! Mais le reste, personne ne sait s'en débarrasser.

Le coucou

C'est l'image d'une vieille dame dans sa maison.

Les chambres du fond étaient vides désormais. Pendant des années personne n'avait plus poussé les portes. Personne n'avait plus ouvert les volets. A quoi bon ?

Il y avait bien les petits-enfants qui de temps en temps venaient tourbillonner de tous côtés. Déplacer les meubles, bousculer les objets, casser les quelques-uns qui passaient à leur portée. Il y avait bien les petits-enfants. Mais ils n'avaient jamais ouvert les portes closes. Tout le monde avait fait mine d'oublier que c'étaient des portes, que c'étaient des chambres.

Le chien était mort cet été. Il avait de plus en plus de mal à monter les escaliers. La voisine venait le sortir chaque jour, et revenait avec le courrier.

Elle était toujours pressée, la voisine. Elle refusait de s'asseoir, refusait poliment un petit café. Néanmoins sa visite quotidienne était un temps joyeux. Un frisson dans l'indolence. Dès qu'elle disparaissait, la vieille dame chaussait ses lunettes, s'enfonçait dans son fauteuil, et plongeait dans les photos bariolées des prospectus colorés. Elle les lisait comme on lit la presse à scandale. Avec délectation et gravité. Le chien était mort. La voisine ne venait plus qu'un jour ou deux dans la semaine, après le passage du facteur.

Les courses, c'était le jeudi. Antoinette arrivait de bon matin, faisait un brin de ménage, puis elle l'emmenait. Ce jour-là, la vieille dame mettait dans ses cheveux une petite barrette. Ses chaussures n'étaient pas les mêmes. Moins confortables, mais tellement plus jolies. Au milieu des rayons, Antoinette l'invitait à varier le contenu de son panicr. La vieille dame l'écoutait avec intérêt, mais elle finissait par prendre toujours les mêmes choses.

Les madeleines étaient serrées dans la grosse boîte en fer. Avant de repartir, Antoinette prendrait un café. Les tasses étaient retournées sur la toile cirée, les petites cuillères, cambrées, tenaient leur équilibre au-dessus. Toute la maison attendait le retour des courses.

Le dimanche matin, la télévision donnait sa messe et les divers cultes Juifs et Protestants. Entre deux, des commentaires savants sur les textes sacrés. Quelquefois, les chanteurs étaient en costume folklorique. C'était beau ! La vieille dame chaussait ses lunettes.

L'après-midi, enfants et petits-enfants venaient transformer la maison en joyeuse volière. La vieille dame aimait ça.

Le soir, elle était épuisée. Elle avalait son bouillon de légumes et filait au lit. Cette nuit du dimanche, elle savait qu'elle parviendrait à dormir plus de trois heures d'affilée.

Tous les lundis, elle se levait un peu plus tard. Sept heures en hiver. Six en été, à cause de l'impatience du soleil et des oiseaux de l'aube qui se passaient déjà le mot.

Le nouveau jour commençait tous les jours par un soupir bruyant. Une sorte de rugissement plus qu'un bâillement. Les yeux grand ouverts sur sa chambre en noir et blanc, elle écoutait les oiseaux. Il y avait au moins trois nids alentour cette année. Elle ne les avait jamais vus, mais elle les entendait. Encore un peu de temps et elle apprendrait à reconnaître le nombre de leurs petits habitants. Elle écoutait les oiseaux. C'est fou comme on peut être dur d'oreille pour certaines choses et tout à fait aiguisé pour certaines autres. Le privilège de la vieillesse, c'est peut-être précisément de choisir l'univers auquel on veut participer. Celui que l'on est disposé à recevoir pendant que l'autre s'efface de lui-même. Elle écoutait les oiseaux.

Dès qu'un soupçon de lumière colorait sa chambre, elle se levait.

Premier pas sur le tapis moelleux, elle enfilait ses pantoufles. Deux pas jusqu'à la porte, puis le grès du couloir sifflait sous les semelles traînantes. Les portes restaient ouvertes. Les gestes étaient toujours les mêmes. Tire sur la ficelle du radiateur électrique. Remplis d'eau fraîche la petite bassine de plastique. Trois ou quatre aspersions sur le visage, l'eau glisse entre les doigts dans son bruit de clepsydre et la serviette un peu rêche s'assouplit lorsqu'elle est humide. Chaque matin la même pression sur le savon liquide, la même mousse au creux de la main, le même demi-tour vers l'étagère des cotons-tiges, l'eau de Cologne... Chaque chose à sa place. À portée de main. La toilette du matin ressemblait à une pantomime bien réglée. Impeccable économie de mouvements.

Invariablement, la vieille dame finissait par une longue contemplation de son visage. Elle approchait au plus près de la surface vitrée, au plus près de son reflet. Ses pupilles plongeaient alors dans leur double. La vieille dame cherchait à entrer en elles, à l'intérieur. Elle commençait toujours par évaluer cette fine épaisseur de transparence qui s'interposait, frontière subtile entre elle et l'autre côté du miroir. Moins d'un centimètre. L'épaisseur du verre au-devant du tain. L'épaisseur entre le monde et l'image que l'on s'en fait.

Longtemps, elle scrutait le noir au fond de ses yeux. Elle l'explorait. Elle s'y complaisait et tout à la fois le tenait en respect. Elle avait conscience qu'à aucun autre endroit d'elle-même, elle ne pourrait se voir voir : le reste de son corps, lorsqu'elle le regardait, n'était autre qu'un simulacre. Une peau flétrie, une maigreur grumeleuse et croulante comme l'écorce d'un vieux saule. Non, cette apparence de vieille dame, pâle et anguleuse dans sa chemise de nuit n'était qu'une image trompeuse. Tellement partielle ! Plate comme le tain. Superficielle. Ce n'était pas vraiment elle, non.

Le fond de son être, il ne se trouvait nulle part ailleurs que dans ce face à face précis : les yeux dans ses yeux. Le vrai de son être, il était quelque part dans ce tunnel noir insondable, infini de ses pupilles. Là où le temps n'avait pas accès. Où le temps n'avait rien altéré.

Là, elle se retrouvait toute entière, dans tous ses états de femme, de jeune fille, d'enfant, autant que de grand-mère. Elle s'y retrouvait dans ses états d'amoureuse, ses états d'espoir, ses états de douleur et de colère... Tous les états qu'elle avait traversés jusqu'aux souvenirs les plus érodés, elle les retrouvait là. Rien ne pouvait l'y tromper. Elle était unifiée, au-delà des défaillances de sa pauvre mémoire. Rassemblée, singulière, de toute éternité. Elle s'y reconnaissait vraiment.

Alors tous les matins, une fois retrouvée, elle se sentait comblée.

C'est à ce moment-là que pour elle, le jour était un nouveau jour.

Elle poussait la porte de son armoire et choisissait sa robe. La penderie était pleine à craquer. Elle aimait de temps à autre le dimanche prendre conseil sur une hauteur de jupe auprès de sa petite fille. Parfois elle demandait un ourlet, dans un élan de coquetterie. Elle avait l'impression qu'elle aurait l'audace d'innover. Mais en définitive, elle ne s'y résolvait pas. Elle tournait avec trois, quatre tenues par saison tout au plus. Le reste de ses robes, trop colorées ou trop fleuries, n'avaient d'autre usage que soulever les souvenirs comme des papillons.

La porte de l'armoire, lorsqu'elle était fermée, une petite coiffeuse était cachée derrière. Telle une poupée dans sa boîte à musique, la vieille dame en fermant l'armoire pirouettait d'un quart de tour et s'asseyait sur son tabouret de velours, face au petit miroir encadré de dorures.

Ce miroir-là n'était pas celui du *face à face*. C'était le miroir du *côte à côte*. La vieille dame s'y regardait comme si elle ne se connaissait pas, comme si elle se trouvait là, étrangère, à ses côtés, venue délibérer avec elle de son apparence. Dans ce miroir, la vieille dame se coiffait, faisait des mimiques comme dans un petit théâtre de marionnettes. Elle appliquait ses doigts à étaler la crème sur son visage avant de se poudrer. Parfois, elle avait l'impression de jouer à la poupée. Elle était évidemment tout à la fois la poupée et la petite fille qui l'apprêtait. D'un côté, de l'autre. L'une conseillait un peu de rouge aux joues. L'autre l'estompait avec du rose. L'une prenait la pose, l'autre l'admirait. Elle était les deux. Interchangeable. C'était tout le contraire d'un *face à face*. Tout le contraire d'un rassemblement. Devant ce miroir, chaque jour elle pouvait changer son état. Tour à tour elle se sentait une autre, en fonction des visiteurs du jour. Des visiteurs ?

En dehors de la voisine, d'Antoinette, et de ses chers enfants et petits-enfants, il y avait bien longtemps qu'elle n'avait plus reçu personne. Mais dans son petit miroir doré, le matin après la toilette, tant de visiteurs défilaient ! Ses amants, ses prétendants. Il y avait aussi ses amies, ses confidentes, sa marraine, lointaine marraine, ses parents, restés à l'âge où son futur époux était venu lui demander sa main. Et puis il y avait le cortège de ses élèves. Son professeur aussi. Éblouissant professeur de piano qui lui avait tout appris de ce qu'elle avait transmis, passionnément, pendant toute sa vie. Ce miroir du *côte à côte* était la loge où elle se préparait à revoir toutes ces personnes du passé, inchangées ou vieillies, c'était selon...

Près de la coiffeuse, une grande horloge claquait du palais. C'était curieux, cette façon de se balancer comme par excès de fatigue. Ou d'ennui. Il y avait toujours un moment où ce bruit de gâchette devenait trop pesant. Un moment où la vieille horloge exigeait qu'on la remonte. Tous les matins, de sa voix impérieuse, elle rappelait la vieille dame à l'ordre : "Hors – loge, semblait-elle dire, en piste maintenant !"

Effectivement, la séance du *côte à côte* durait sans doute trop longtemps. Le temps d'une pièce de théâtre, d'une répétition qui ne garderait que le meilleur. De toutes façons, la vieille dame ne comptait plus le temps. Elle jouait, c'est tout. Quand elle se décidait à quitter le miroir, elle cédait aux appels de la vieille horloge en bois, et la journée recommençait avec un tour de clé.

Alors seulement, elle ouvrait son flacon d'eau de rose, et dans un geste à la grâce immuable, elle déposait quelques gouttes sur son cou et sur ses poignets avant de se lever, retrouver ses os et ses douleurs, repartir vers le petit couloir comme on reprend la route.

La traversée du couloir comptait sept ou huit pas. Les portes restaient toujours ouvertes. La chambre était maintenant inondée de lumière. La vieille dame y jetait un dernier coup d'œil puis s'attardait un instant sur la commode aux aïeux. Elle défroissait un napperon sous la photo de son frère, souriait à sa mère aux yeux ronds, aux jambes arquées. Tout le monde était là. Tout était en place. La vieille dame tournait la tête et reprenait son chemin jusqu'à la cuisine.

Sur le vaisselier de l'entrée, un doigt sur la radio et la vieille dame pivotait jusqu'à la table où le petit déjeuner était préparé depuis la veille. C'était un moment délicieux, le petit déjeuner. Jamais la même chanson. Jamais la même confiture. Les mêmes gestes pourtant. Le même rituel. La même gratitude en portant sa première tartine à la bouche.

Tic-tac. D'ici, on entendait le coucou craquer du bec les graines du temps. On l'entendait, et puis très vite, on ne l'entendait plus. « Emmenez-moi au bout de la terre » chantait Aznavour... Et la vieille dame dansait. C'était une danse immobile, c'est vrai. Mais tout son corps vibrait. Sa taille se cambrait sous la main vigoureuse de son cavalier. Apesanteur. Elle frôlait le sol de la salle de bal, la vieille dame, en dessinant des ronds, en dessinant des roues. Engrenage ternaire. Tournait le grand manège au bout de chaque mesure que la radio bouclait, que le coucou claquait. La musique allait, la vieille dame dansait et le temps s'enroulait.

A midi, lorsque le soleil était au plus chaud, elle allait mettre du vieux pain sur son balcon pour les oiseaux. Bien sûr, les voisins n'aimaient guère cela. Mais la vieille dame avait appris à ne plus écouter que ses propres arguments : les oiseaux comptaient sur elle, c'est tout ce qu'elle avait résolu d'entendre. Le coucou sort de sa boîte. Un joyeux cliquetis accompagne la cadence.

Le repas. Vite préparé. A peu près les mêmes gestes. Il valait mieux rester le moins possible debout à piétiner autour de la cuisinière. Le menu ne variait presque pas. Un peu de silence, s'il vous plaît ! La radio éteinte. Le coucou assagi.

L'heure de la sieste. Une sieste faite de glissades successives au royaume de l'inconscience. Tic-tac cadence, demi sommeil tout en va-et-vient : ici sous le coucou perché, là-bas sur le fil ténu des divagations. Roue libre. Toujours cette fine lisière entre un tic-tac et l'autre. Le cœur du coucou palpitait dans ses rêves. C'était enivrant comme une berceuse. Peut-être que le basculement ultime serait de cet ordre-là...

La sieste s'étirait plus ou moins mollement, au gré des aboiements, au rythme des enfants qui rentraient de l'école et jouaient à cache-cache dans la cour de l'immeuble ou échangeaient des bouts de leur goûter. Les bruits du dehors ramenaient peu à peu la vieille dame à sa pleine présence.

Le jeu télévisé du soir commençait à six heures. Les lunettes étaient là, près de la télécommande. Couvre-feu. Juste le temps de mettre quelques légumes dans la casserole, et de croiser les volets. L'eau grommelait sur la cuisinière. La vieille dame était toute à son émission. Le présentateur était un vieil ami. Pour rien au monde, elle n'aurait manqué ce rendez-vous. Juste le plaisir d'être en sa compagnie.

Après, il faudrait dîner, faire la vaisselle et repartir vers le couloir. Sept ou huit pas vers la chambre. Encore quelques-uns pour la toilette du soir. Les yeux de la vieille dame n'étaient plus assez bons pour ouvrir un livre. Il y avait longtemps qu'elle se les racontait seule, ses histoires du soir. La chambre peu à peu passait du jaune au gris. Tout était en place. La vieille dame gonflait un peu ses coussins de plumes, puis plongeait dans son lit frais.

Le silence prenait peu à peu son ampleur. On entendait dans le lointain la marche grave de la vieille horloge et de l'autre côté du couloir, la ronde sereine du coucou dans sa boîte.

L'atelier

Il y avait trois marches pour arriver dans l'atelier, des marches larges et très basses, des margelles de pierre, blocs de calcaire clair, de ces ruines qu'on trouve au bord des routes pour aller au Pont du Gard. Il y avait trois margelles inégales et tout à coup l'obscurité. L'absence de transition, la brutalité du passage du jour à la nuit était saisissant, toujours. De même la sensation de froide humidité qui prenait les narines et la peau dès qu'on entrait. Il fallait s'arrêter un moment sur le seuil, attendre que la pupille s'habitue.

Enfant, il savait à cet instant que si quelque fantôme eût été là au milieu des billots, il l'aurait vu s'enfuir, c'est sûr, tache furtive tranchant la lumière blafarde du fenestron. Enfant, sur le seuil à cet instant, il s'attendait à surprendre l'une de ces ombres mystérieuses qui ressemblent aux silhouettes noires des bandes dessinées, dont on ne voit que les yeux jaunes éclairer la nuit. Enfant, il ne concevait pas que l'on puisse être seul dans une si belle mise en scène. Sur le seuil avant de plonger dans le noir, il écarquillait les yeux, aveugle, et tout un peuple de monstres invisibles prenait vie. Il avait un frisson à cause de cela, et surtout à cause de la température brusquement glaciale. Il tournait le regard vers la petite fenêtre rectangulaire drapée par plusieurs décennies de toiles d'araignées. De là filtrait une lueur grise immobile, derrière les collections de flacons et de fioles aux fonds noirâtres. Il accrochait ses yeux à ce repère de lumière et alors seulement, il osait avancer. Il prenait place pas trop loin de la porte, sous le madrier, et de là, il guettait les araignées et les fantômes. Jamais dans l'atelier il n'avait osé aller plus loin que cette cachette, même quand son père était parti à la ville chercher une commande ou du matériel.

Aujourd'hui, il retrouvait les mêmes sensations que durant son enfance. Ce temps où il venait s'enfermer ici des journées entières. Aujourd'hui, c'était lui qui avait l'âge de son père. Il retrouvait la nuit le froid le fenestron gris, le fantôme et les monstres. Il sentait la présence de son père, et en même temps il se sentait lui-même ce père-là, bourru, solitaire, rongé par les tourments d'une vie gâchée, trop compliquée.

Il en avait passé des heures, caché là sous le madrier, accroupi, occupé à respirer sans faire de bruit. Voir sans être vu, observer son père, ses gestes, sa façon de découper un biseau avec soin, de le polir et doucement, le caresser avec ses mains de géant aux pouces striés de crevasses noires. Il se souvint du bruit lisse du rabot, du claquement sourd quand son père le posait sans ménagement sur le plan de bois pour attraper le papier de verre et frotter en cercles dans un crissement léger. Crissement pareil au bruit que font les semelles sur le sol quand on revient de la plage, au bruit de la terre sous les dents quand on croque dans une fraise qu'on n'a pas passée sous l'eau. Il se souvint de ses rêveries d'enfant pendant tout ce temps de présence secrète. Le temps n'existait pas. Le silence non plus, il n'existait pas. C'était comme si lui et son père étaient ensemble dans un ailleurs tout peuplé de pensées. Depuis sa cachette, tapi dans la sciure, il avait trouvé enfin un moyen d'être auprès de lui, un moyen de l'approcher. Partager cet espace exigu. Voler ces instants où l'homme se croyait seul, c'était entrer dans son intimité, percer un peu de son mystère.

Cet atelier, c'est tout ce que son père avait laissé. Rien ne lui appartenait vraiment que cet atelier et ce qu'il contenait. Il n'avait aucun attachement à rien, à personne. Même les meubles et les objets qu'il fabriquait avec tant de soin, il les abandonnait par suite au monde extérieur sans état d'âme puis il les oubliait. Revenait dans son antre. Se remettait à l'ouvrage.

* * *

La maison venait d'être vendue, le jardinet envahi par les ronces, le petit portail de bois qui ne s'ouvrait plus. Restait l'atelier, au fond du terrain derrière le grand chêne. On le voyait à peine. Curieusement, il était dissocié du reste des biens. Personne n'en voulait, évidemment. Plaqué contre la roche, il était insalubre et rempli d'un effrayant désordre.

Les frères et sœurs grommelaient devant le notaire, ne sachant comment s'en débarrasser. Lui s'était levé d'un coup, il avait saisi le papier correspondant.

"C'est moi qui le prendrai" avait-il déclaré, debout au-dessus du bureau. Il avait renoncé à pas mal d'argent pour cela.

Il s'était immédiatement rendu sur les lieux. Et voilà, il était là, sur le seuil de l'atelier.

Il n'osait rien toucher, pas même laisser la trace de ses pas dans la poussière. Il humait l'odeur âcre du vieux bois mêlée à celle de la roche détrempée. Tout semblait intact depuis le moment où son père l'avait quitté. Il n'y viendrait plus maintenant, le père. Un cancer l'avait rongé. Termite sous l'écorce. Il y avait longtemps que la colère avait cédé sa place à une haine rentrée, un grincement de dents ininterrompu, termite sous l'écorce. C'était une forme de résignation, il y avait longtemps qu'il avait cessé de se battre, laissé le mal le ronger. Il était mort, le père. C'est là qu'il venait se terrer, là qu'il travaillait sans relâche, prenant à peine le temps de manger. Du reste il refusait de manger à table ou en compagnie. Les enfants, c'était l'affaire de sa femme. Lui, il rapportait l'argent, c'était bien suffisant. Il venait se terrer là, et il était mort le père, désormais.

Il n'en avait pas toujours été ainsi. Il se souvient, lorsqu'il était très jeune, pas encore l'âge d'aller à l'école, le père s'en prenait au chien. Une bonne nature, ce chien, avec son air d'être toujours prêt à rendre service. Le père l'attrapait par le collier et l'emmenait dans la cour à l'arrière de la maison. On l'entendait haleter d'abord avec de petits aboiements secs, il voulait jouer, le chien, il était impatient. Puis, c'était des gémissements aigus, rythmés, qui faiblissaient à chaque coup. A la fin, on n'entendait plus que les coups, sourds, comme dans un sac de sable. Le père rentrait, retirait ses gants de jardin et les posait sur l'étagère au-dessus du poêle. Le chien suivait, sonné, la gueule déformée, quelques perles de sang sur le noir du museau. Curieusement, dès qu'il voyait les enfants, il reprenait une sorte d'air jovial, le chien. Sonné mais jovial, il était à nouveau prêt à jouer : il avait encaissé, il passait à autre chose. Le père avait rejoint tout le monde à table, le repas pouvait commencer.

Un soir, le père ne rentra pas et l'on dîna sans lui. Le chien dormait tranquille sur son tapis. Le père ne rentra plus depuis ce jour. On entendait hurler la scie là-bas à l'atelier, ou cogner le marteau. Le père, on ne le vit presque plus à partir de ce soir-là. C'était sans doute le temps où il avait cédé, il avait décidé de laisser le mal pourrir en lui. Le cancer.

Tout jeune enfant, il avait eu beaucoup de peine pour le chien, et plus tard, tapi dans la sciure à l'ombre du madrier, c'est pour son père qu'il avait eu de la peine, il se souvient. Confusément. Il avait eu beaucoup de peine pour le père.

* * *

Les yeux s'étaient tout à fait habitués à l'obscurité maintenant. Dans le contre-jour de la lucarne, une araignée épinglait sa toile de sa marche fébrile. Tout le reste était immobile, couvert de poussière et de sciure noircie comme de la cendre. Il avança là où enfant il n'avait jamais osé, puis sans rien toucher, scruta méticuleusement l'établi du regard. Il y avait des outils impossibles à identifier, des formes énigmatiques enchevêtrées, c'était un monde d'étrangetés.

Qu'avait sculpté le père avant de ne plus jamais revenir ? Quel objet était-il en train de façonner ?

Près du serre-joint, un espace avait été dégagé, au milieu duquel se trouvait une boîte. Seul espace du plan de travail où les objets n'étaient pas empilés. Une boîte en fer rouillé, un peu plus grande qu'une boîte à sucre. Il l'ouvrit.

Des toupies, des figurines de la taille d'un pouce, coq, taureau, tête de cheval, des billes plus ou moins grosses, et puis une sorte de hochet rempli de riz ou de petits cailloux. C'étaient des jouets en bois, sculptés et vernis, ouvrages minutieux, soignés jusque dans les plus infimes rainures. L'intérieur de la boîte était net, pas une poussière sur les objets. Au fond de la boîte, il y avait aussi une multitude de pièces de bois entourés par de la ficelle, comme des séries de bâtons coudés qui ressemblaient à des clés Allen. A première vue, ils étaient identiques mais en les manipulant, on s'apercevait qu'il y avait une différence de forme de taille ou de poids. Au milieu de ces sortes de fagots, une vieille pièce plus épaisse ceinturée de perforations carrées, couverte de peinture rouge écaillée, polie par le temps. Il mit un long moment avant de reconnaître la partie cassée d'un jouet qu'il avait chéri, enfant, et qui avait disparu après que le père trébucha dessus un soir en rentrant de l'atelier. Une sorte de jeu de construction, échafaudage modulable pour un parcours de billes. Il se mit en tête de retrouver le jouet perdu. Osa déranger le bric-à-brac poussiéreux. Comme le jeu était plutôt volumineux, il avait dû être stocké dans les parties plus délaissées de l'atelier.

Il s'enfonça vers les coins sombres, il lui fallait tâtonner pour identifier les formes. La poussière figée par l'humidité avait formé une sorte de peau de pêche sur les murs, elle s'effritait comme de la gomme lorsqu'il la caressait. C'était une sensation singulière que cette exploration du bout des doigts, c'était comme violer un espace sacré, comme déranger un équilibre ancestral. L'odeur du moisi prenait à la gorge. Il eût fallu ne plus respirer. Se concentrer sur les formes qui passaient sous la paume des mains. Il prit conscience à cet instant de la robustesse de ses mains. La dureté de la peau, l'épaisseur des doigts. Il ne craignait pas les échardes avec des mains comme celles-là. Tandis qu'il frôlait le contour des objets, il sut que s'il avait pu les voir, il aurait reconnu en ses propres mains les mains de son père.

Il découvrit adossées au fond de l'atelier des planches brutes amoncelées, rangées par longueurs. Des machines invraisemblables, massives, imposantes et complexes, posées à même le sol. Sur la roche suintante percée de clous pendaient des scies à cadre de différentes tailles. Tandis qu'il poursuivait sa prospection le long de la paroi, il sentit au sol une consistance différente. Il y avait là, tout près du mur, une trappe, une cave peut-être. Des lattes épaisses et grossièrement ajustées bloquaient le passage. Il dégagea l'espace autour et retira les lattes en s'aidant d'un levier posé justement à cet endroit.

Sous les lattes le sol s'enfonçait, irrégulier. L'air était irrespirable là-dedans. Plus noir que le noir. Il hésita un moment, puis entra. C'était un escalier étroit creusé dans la roche. Une lampe de poche était suspendue à l'endroit où l'on prenait appui pour descendre. Apparemment, le père avait tout prévu pour emprunter ce passage. La pile était encore un peu chargée, un faisceau de lumière jaune éclairait maintenant l'escalier. Il faisait froid, très froid. Les marches étaient irrégulières et de plus en plus fines. L'oxygène manquait. Il arriva sur un terre-plein dont il ne voyait pas les bords. Il fallait avancer accroupi. Précautionneusement, il suivit la paroi à droite de l'escalier, et ce qu'il découvrit dans la lueur tremblante lui coupa le souffle : des crânes humains, des tas de crânes humains, empilés, entassés, tantôt dans des niches, tantôt en monticules sur le sol. Tout son corps se glaça, il détourna la tête en fermant les yeux. Faillit vomir. Son premier élan fut de sortir, vite, mais au moment de monter les marches, il se ressaisit, se souvint que c'était là un lieu où son père venait, un secret qu'il partageait avec lui. Cette pensée le rassura. Il reprit un peu de souffle et trouva le courage de se tourner à nouveau.

Les crânes étaient petits, vraiment petits, c'était étonnant. Il s'agissait probablement de crânes d'enfants car pas un seul ne portait de dent. L'oxygène commençait à manquer sérieusement. Le plafond bas aggravait la sensation d'oppression. La nausée ne le quittait plus. Il avança tout de même le long des crânes en suivant le mur que le faible rayon jaune de la lampe éclairait. Il fit ainsi le tour de la salle. C'était une très petite salle en définitive. Rien d'autre que des crânes. Il avait rejoint l'escalier. Il était à bout de force. Remonta avec peine, le souffle court, la tête dans un étau.

* * *

Dès qu'il franchit la porte du jardin, il s'effondra sur le sol, la lumière crue du plein été lui claqua violemment au visage et ses yeux brûlaient comme deux braises dans les creux de son crâne. Il vomit toutes ses entrailles en pleurant bruyamment. Ce n'étaient pas vraiment des pleurs, c'était de l'effroi, on pourrait appeler ainsi ces sanglots mêlés de cris, l'effroi. Tout son corps avait été secoué par l'effroi. Ce qu'il avait contenu dans le silence immobile de l'atelier jaillissait maintenant comme d'une déchirure terrible. Ce qu'il avait contenu détonait avec violence dans le vert indifférent du jardin, explosait à ciel ouvert. Un rugissement, l'irruption d'un volcan, le vagissement d'un nouveau-né, c'était difficile de trouver un cri comparable à celui-là. Trempé de sueur glacée, il courut dès qu'il le put vers la cour pavée où était garée sa voiture, s'effondra sur le siège et s'endormit jusqu'à la nuit.

* * *

Le voyage de retour était interminable. La boîte, le jouet cassé... et cette salle remplie de crânes d'enfants. Il y pensait. Il aurait pu rester dormir sur place, son frère le lui avait proposé. Il avait pris quelques jours de congé, les premiers depuis des années. Il y pensait.

Il s'était étourdi de travail, croulant sous les dossiers, accumulant les missions. C'était exaltant, ce savoir-faire qu'il avait acquis, les succès, l'ébriété d'être admiré, courtisé, recherché par les "chasseurs de tête". Quelle expression ! Chasseur de tête. Oui, c'était bien une tête, une tête et rien d'autre. Il n'avait d'autre vie que celui de son cerveau. Son métier son cerveau. Il avait installé un lit dans le somptueux bureau qu'il occupait sur l'Avenue Foch. Ouvert un second cabinet Rue Mazarine. Dormait à peine, mangeait à peine. Sa femme était partie chez ses parents avec le petit. Plus personne ne l'attendait à la maison. Il aurait pu rester dormir chez son frère, il avait pris quelques jours de congé. Les premiers depuis des années. Mais il préférait rentrer. Rester seul. Penser.

Il faillit rentrer à son domicile. L'espoir à nouveau s'était immiscé d'y retrouver sa femme, son fils. Il eut peur de cet espoir-là. S'arrêta Avenue Foch. Il se jeta sur le lit sans toucher aux interrupteurs. Les lueurs grises de la rue caressaient le plafond et s'évanouissaient dans les moulures de stuc. Manège hypnotique. Le bruit atténué des moteurs glissait à l'intérieur, lisse comme le bruit du rabot, autrefois, sur le bois. Il ne parvint pas à dormir cette nuit-là.

Le lendemain, il passa tout son temps libre à la bibliothèque de la Rue Richelieu. Il trouva bien sûr dans les relevés cartographiques de très nombreux sites archéologiques répertoriés autour du Pont du Gard. L'atelier du père était en marge d'un village Romain dont il ne restait presque rien, quelques pièces de vaisselle trouvées dans un champ alentour. Rien d'autre de déclaré.

Le notaire avait perdu la trace des premiers propriétaires de l'atelier. Le terrain attenant avait été acquis juste avant la naissance des enfants, avec une vieille bâtisse déjà existante. Mais l'atelier et la roche à laquelle il s'adossait, de mémoire officielle, les hommes de la famille l'avaient toujours occupé et en avaient jalousement gardé le contenu.

* * *

"Devant le foyer domestique, le nouveau-né était posé à même le sol face à son père. Si le père le prenait dans ses bras, il acceptait l'enfant dans la famille. S'il ne le prenait pas, il était abandonné sur la voie publique ou sur les marches d'un temple jusqu'à ce que mort s'ensuive."

C'était l'extrait d'une conférence au Collège de France. Tout s'éclaira. La cavité sous l'atelier était le lieu de sépulture des nouveau-nés dont les pères ne voulaient pas. On entassait les petits cadavres dans la grotte et on les oubliait.

Son père connaissait donc l'histoire de ce lieu où il se terrait. Les petits jouets sculptés en attestaient, on en trouvait la reproduction dans tous les manuels scolaires. Le père venait à l'atelier pour réparer ce qui était cassé. Il avait échoué. Cédé et échoué. Ceux qui battent ont été battus, ceux qui ont été abandonnés abandonnent. C'est bien ce qu'on dit, n'est-ce pas ? Le père avait cherché à conjurer l'inéluctable. Il s'enfermait dans son atelier comme on descend au cœur de sa propre détresse. Pour la cacher, pour protéger ceux qui sont pris dans les mêmes filets. Il n'avait plus réussi à en sortir et y avait sombré comme on tombe dans un puits. De père en fils. Le fils maintenant pensait au père, et au père de son père, aux pères et au déni.

Il déambula des heures dans le quartier latin puis il eut faim, s'attabla dans une brasserie près de l'Odéon. La vie nocturne des rues, l'été, c'était enivrant de douceur, cela permettait de ne plus trop penser. Les robes courtes, les vélos, les rires des ados. Il rentra à pied, machinalement, il rentra chez lui. Au foyer qui lui était défendu. Depuis si longtemps, il n'avait pas remonté le boulevard à pied, depuis si longtemps il n'était pas rentré chez lui.

Il ne prit pas l'ascenseur, préféra monter à pied. Il y avait dans les escaliers cette odeur de vieille pierre légèrement acidulée à cause de la peinture sur les fers forgés. C'était un bel immeuble Haussmannien. Il n'y avait jamais convié son père, il n'aurait pas aimé. Ils n'avaient jamais parlé tous les deux, d'homme à homme. Il faisait nuit, il ne voulait pas allumer les lumières. Tourna la clef sans faire trop de bruit. L'espoir revenait.

Il avança dans le couloir sombre. La clarté lunaire allongeait son ombre. La tête lui tournait un peu, il souffrait d'une sorte de nausée. La maison était désordonnée, rien n'avait été bougé depuis le jour où sa femme avait claqué la porte, le petit accroché à son cou, le visage caché. La nausée ne passait pas, le vertige. Il trébucha sur un jouet qui vola en éclats. Mille morceaux claquèrent sur le parquet et se répandirent dans un roulis.

Il était ébranlé, à cause du bruit plus que de la chute. Cela fit l'effet d'une alarme en son for intérieur. Son cœur cognait dans sa cage. Et dans le silence soudain revenu, il décida d'aller dès le lendemain chercher son fils avec sa mère.

Extrait d'un carnet du vieux monde

La couverture avait disparu. Des pages avaient été arrachées, on le voyait aux débris de papier entre les spirales. Il avait beaucoup traîné, ce carnet. Les taches, la couleur des bords surtout, et la texture râpée, émiettée.

L'écriture était irrégulière. Par moments très appliquée, organisée en paragraphes, et par moments rapide, presque illisible. À l'improviste, on tombait sur des recettes de cuisine, des listes de courses.... C'était insolite, ce mélange de notes du quotidien au milieu de textes qui avaient l'air si sérieux, de calculs apparemment si complexes.

Ce qui frappait surtout, c'était le nombre des flèches, les astérisques et les shémas. Les pages étaient numérotées à la main, au fur et à mesure sans doute, et les renvois étaient omniprésents, de plusieurs couleurs parfois. Cela donnait une écriture où les mots et les nombres se mêlaient intimement. L'ensemble formait comme un grand tissage, un tricot désordonné. Les séries de renvois chiffrés étaient comme des grappes de mailles colorées.

Au milieu du carnet, un texte était plus aéré, les pages moins froissées, moins sales. Très peu de flèches. Un trait ample, posé. C'était une longue confidence, la confidence d'une personne qui en fin de vie se retourne et observe les choses du monde qu'elle a traversé. Il s'agissait des relations hommes-femmes. Je ne saurais en transcrire les détails, mais j'ai souvenir d'une analyse assez précise, un angle d'approche auquel on ne pense pas forcément.

* * *

Ce texte parlait d'un temps où les femmes avaient grandi en assurance. Elles qui avaient tant été brimées, sous-estimées, confinées à des tâches subalternes. Elles qui avaient tant souffert de la méconnaissance et du mépris des hommes. Les femmes en ce temps-là avaient acquis des connaissances, elles avaient gagné en conscience et en liberté, elles s'étaient détachées des hommes, émancipées.

Il y avait à ce moment-là du récit une démonstration qui citait un philosophe allemand qu'on ne connaît plus aujourd'hui. Une démonstration qui parlait de dialectique, de maître et d'esclave dont les rôles s'inversent. C'était très convainquant pour appuyer l'analyse de ce basculement, de cette revanche de la femme sur l'homme.

Ce n'était pas seulement une revanche manifeste par quelque bravoure intellectuelle ou démonstration d'habileté. Il n'était pas question d'occuper le pouvoir non plus. C'était plus profond, à cause de la blessure : les femmes s'étaient mises à déprécier les hommes. Elles les accusaient d'irresponsabilité, d'immaturité, comme n'ayant pas le sens de la réalité. Elles étaient très fines en raisonnement, assassines, elles réduisaient la protestation des hommes à néant avec une efficacité magistrale. Elles les dominaient, et à coup d'humiliations, elles les provoquaient, les hommes en général et en particulier.

Ils n'étaient pas bavards, les hommes, pas belliqueux. Guerriers, oui, mais pas belliqueux. Ils n'avaient pas le goût de se défendre en palabres, de répondre à ces taquineries de picador. Ils se laissaient attaquer, insulter, cribler de piqûres comme autant d'épingles enfoncées. Après tout, ce n'étaient que des femmes, sorcières des mauvais jours. Ça passerait à la longue, comme la pleine lune, comme les montées d'hormones, ça passerait.

Pourtant, ce qu'elles leur disaient, les femmes, ce qu'elles disaient n'était pas insensé, ils s'en rendaient bien compte. Leurs remarques, leur colère, tout cela les touchait, au fond, les convainquait.

Aussi dans leur silence, ils avaient l'air bornés, mais l'effet de toutes ces flèches lentement se répandait en eux comme un poison, les gagnait, les terrifiait secrètement. Ils se mettaient à avoir honte de n'avoir pas pris conscience de leur égoïsme. Ils se sentaient détestables, indignes.

Très vite les hommes reconnurent que les femmes leur étaient supérieures, ces femmes qui n'avaient nullement besoin d'eux, tandis qu'eux souffraient tellement maintenant de ne plus les avoir à leurs côtés. Ils se mirent à les idolâtrer. Ils leur en voulaient, parce qu'ils manquaient de l'amour dont ils les savaient capables. Ils leur en voulaient, mais ils les idolâtraient pour leur lucidité, leur courage, leur emprise.

Ce furent les hommes alors qui se mirent à souffrir, et leur souffrance était plus grande encore que celle des femmes dans le passé. Leur mal ne résultait pas de la contrainte, mais de leur conscience propre. La guerre était intestine. Ils étaient horrifiés par leur propre nature. Plus rien n'était rattrapable désormais, les femmes étaient allées trop loin. Ils ne les retrouveraient plus. Elles leur manquaient terriblement, ils les avaient perdues. C'était irréversible.

Ils se résignèrent.

* * *

Ils ne savaient pas que ce qu'attendaient les femmes, c'était précisément qu'ils reprennent le dessus. Les mâles. Ce qu'elles attendaient, c'est qu'ils puisent dans leur nature virile la force nécessaire pour les séduire à nouveau. Elles avaient besoin de cela, elles aussi. Elles avaient besoin de cette démonstration de puissance, de solidité.

Ils étaient désemparés, les hommes, effondrés. Ils n'avaient pas accès à cette force qu'elles désiraient. Dans leur chagrin intérieur, ils s'étaient perdus déjà.

Ils s'étaient résignés.

* * *

Ce fut alors une nouvelle ère qui s'amorça.

Comme il n'était pas de leur nature profonde de se plaindre ou de rester abattus, faute de pouvoir se battre, les hommes trouvèrent un nouveau moyen de se relever : ils se réfugièrent dans les artifices, la superficie. Joies surfaites, plaisirs éphémères. Beaucoup d'agitation, plus rien à construire. La vie comme une grande fête, sans rien à fêter que son inconsistance. La fête pour la fête, rien de plus. C'était leur façon d'abréger leur vie, de lui donner peu d'importance, la dédramatiser, en finir au plus vite, au mieux.

Les jeunes femmes suivaient, elles aimaient cette légèreté, les femmes quand elles étaient jeunes ! Elles entraient toujours au grand manège des fêtes avec engouement. Jouer, jouir, juste pour rire ! C'était enivrant, oui. Mais à la longue, elles s'apercevaient qu'elles cherchaient des hommes, ces femmes jeunes, et ils n'existaient plus. Tous les hommes étaient devenus comme des femmes, à cause du dégoût qu'ils avaient de leur propre sexe, à cause aussi du culte secret qu'ils vouaient à la féminité.

Un manque nouveau se faisait sentir pour les jeunes générations de femmes fortes et indépendantes. Un manque de force masculine, d'initiative ferme, d'élan un peu brutal. Et le désir surtout, ce désir, instinct mâle auquel elles aspiraient éperdument sans pouvoir le définir vraiment. D'âge en âge, les femmes souffraient de ce manque d'homme et il leur fallait admettre que tout était perdu.

Dépitées, elles en voulaient aux hommes d'être femmes, elles restaient avec eux dans la superficie. Elles fêtaient, jouaient, riaient, mais au fond, elles étaient découragées aussi. Amères, fières. Dépitées.

Telle est la forme que prit leur résignation.

* * *

Voilà où en était le monde lorsque ces quelques lignes furent écrites. Une apparence joyeuse, et beaucoup de souffrance.

Il n'y avait aucun commentaire supplémentaire. Il y avait un point final, et en bas de page, une avalanche de chiffres superposés. Quelques pages arrachées en fin de carnet.

Les vieilles de vingt ans

Il voulait être réalisateur. C'étaient les images qui le hantaient. Une vision le touchait, cela pouvait durer une fraction de seconde, le temps d'une étincelle. Et puis c'était un feu qui prenait dans l'instant. Il en était comblé et aveuglé en même temps. Il n'en sortait plus pendant des mois.

Il habitait au fond d'une longue impasse humide. Pavés au sol. Un rez-de-chaussée sombre. Depuis que Yukiko était entrée dans sa vie, il n'y allait presque plus, au fond de son impasse. Yukiko habitait derrière le quartier Montparnasse, dans une de ces tours qui toisent la capitale. Elle aussi habitait un rez-de-chaussée, la porte en face de celle de la gardienne. Yukiko était musicienne. Elle venait d'entrer dans un orchestre symphonique, elle faisait chanter sa harpe tous les jours pendant des heures.

Ce jour-là Yukiko était partie pour un concert en Allemagne. Il l'avait accompagnée jusqu'à la gare puis avait décidé de passer la nuit chez lui, dans l'impasse. C'était l'heure bleue, quand le soleil n'est plus là mais que sa lumière rayonne encore un peu. Par les murs, le sol, le ciel, le soleil rayonne encore. Le brouhaha du soir n'avait pas commencé.

Les touristes ne passaient plus. L'heure calme. Entre chien et loup.

Quand il ouvrit la grande porte qui donnait sur l'impasse, une musique résonnait au loin. Edith Piaf chantait. À mesure qu'il avançait, la voix se précisait, l'accordéon. Il devinait maintenant qu'il s'agissait d'un vinyle à cause des crépitements.

Arrivé devant chez lui, la fenêtre en face était grande ouverte. Une ampoule brillait, nue, suspendue au milieu de la pièce. Piaf chantait. Il n'avait jamais remarqué qu'elle était habitée, cette fenêtre oblongue, il n'avait jamais pensé que derrière ces carreaux, si près de lui, quelqu'un vivait. Pour voir à l'intérieur, il fallait monter un peu car le sol de la maison était surélevé. Il entrebâilla doucement la lourde porte. Le gond grinça, un chat miaula. Il se glissa chez lui, dans la pénombre, ouvrit doucement sa fenêtre et avec mille précautions monta debout sur le vieux coffre, dans le coin le plus sombre, afin de voir sans être vu.

La voix de Piaf venait de se taire. La pointe du diamant continua de grésiller un moment avant de s'échouer dans le silence. Un silence profond, alourdi par le contraste. Une toute petite femme était là qui s'approchait du tourne-disque. La nuit était presque tombée. Les craquements du vinyle reprirent, Edith Piaf recommençait. La vieille femme était debout face à son miroir. Elle était minuscule, peut-être aussi menue que la chanteuse l'était. Elle portait une blouse à fleurs sombres. Ses rares cheveux étaient rassemblés en chignon. Elle écoutait Piaf et elle se contemplait, immobile. De temps en temps elle se penchait légèrement vers la vitre pour caresser l'image de ses lèvres du bout de son index. Puis son bras retombait le long de sa blouse. Elle était pieds nus. Elle avait coloré ses orteils avec du vernis rouge. On voyait que ses gestes n'étaient pas assurés. Sur la toile cirée qui couvrait la table, une boîte sombre était ouverte. Quelques photos dentelées, un rouge à lèvres, un collier de perles. Piaf chantait.

La musique ressemblait à un vertige, la vieille femme ne bougeait pas. L'abat-jour à franges, le buffet rempli de vaisselle dépareillée, les quelques pommes au milieu de la table, rien n'invitait à la danse. Et pourtant... Etait-ce la lumière jaune des guinguettes d'autrefois ? Etait-ce la nuit qui avançait doucement ? La vieille femme dansait et elle avait vingt ans. Immobile et tout son sang s'affolait, sa tête tournait, ses lèvres étaient couvertes de baisers volés, donnés, reçus, envolés. Piaf chantait.

C'était un soir de bal, un soir où se mêle à la foule un tournis de couleurs, de danse et de vin. Un de ces soirs dont on ne sait pas où l'on finira. La petite femme sans doute fêtait là quelque chose, un anniversaire peut-être... Ses yeux brillaient. Il n'y avait pas de tristesse. Pas vraiment de joie non plus. Juste une sorte de concentration appliquée sur un souvenir précis qu'elle cherchait à revivre.

Régulièrement, inlassablement, elle se déplaçait pour remettre le diamant sur le bord du vinyle. Le disque tournait, la musique s'enroulait, le sang, le temps ne passait plus, coincé, suspendu dans sa boucle. Oui, c'était un temps qui échappait au temps, cette vieille femme de vingt ans, pendant que Piaf chantait.

* * *

Je ne sais pas s'il a pu un jour mettre cela en images.

Cette vision l'avait touché, il me l'avait racontée un soir pendant que nous attendions devant l'entrée d'une salle de concert. Je ne l'ai plus jamais vu. Je ne savais pas que bien des années après, derrière la fenêtre au fond de mon impasse, ce serait Yukiko, avec ses doigts tordus tout déformés d'arthrose, la lampe jaunie, la harpe poussiéreuse, qui toutes les nuits repasserait le film de son concert allemand.